小学童 探索百科博物馆系列

犀牛大将军

小学童探索百科编委会·著
探索百科插画组·绘

北京日报出版社

目 录

小小的学童，大大的世界，让我们一起来探索吧！

我们是探索小分队，将陪伴小朋友们
一起踏上探索之旅。

我是爱提问的
汪宝

我是爱动脑筋的
咪宝

我是无所不知的
龙博士

xī

犀

形声字

“犀”字的来历

犀牛，目前是陆地上体形仅次于大象的动物，也是目前奇蹄动物中最大的一类。它们额前长角，皮又厚又硬，身体粗壮，跑起来横冲直撞，就像动物“坦克”一样。

在古代汉字中，古人曾用两个汉字来表示犀牛。一个是象形字“兕(sì)”，其甲骨文字形很像一头长着大独角的犀牛，人们用它来表示独角犀，也特指雌犀牛。另一个是形声字“犀”，其金文字形由表示声旁的“尾”字和表示形旁的“牛”字构成，表示这种动物的外形像牛一样强壮，古时常指双角犀牛，后成为犀牛的总称。

现在，犀牛只生活在非洲和亚洲的热带地区，但在古时，我国中原地区气候温暖湿润，也曾有犀牛出没，主要以苏门答腊犀（即双角犀）为主。后来，随着气候变冷，犀牛们不得不向更南的地方迁移。唐朝时，在我国南方还能见到犀牛。到了20世纪20年代初，最后一头野生犀牛被人猎杀，自此我国就没有野生犀牛了。

汉字小课堂

因为犀牛的皮又硬又厚，曾被古人用来制作士兵身上的铠甲，名叫“犀甲”。又因犀牛角很尖锐，就引申出“犀利”一词，用来形容人的目光或文笔十分锐利。

甲骨文　小篆　隶书　楷书

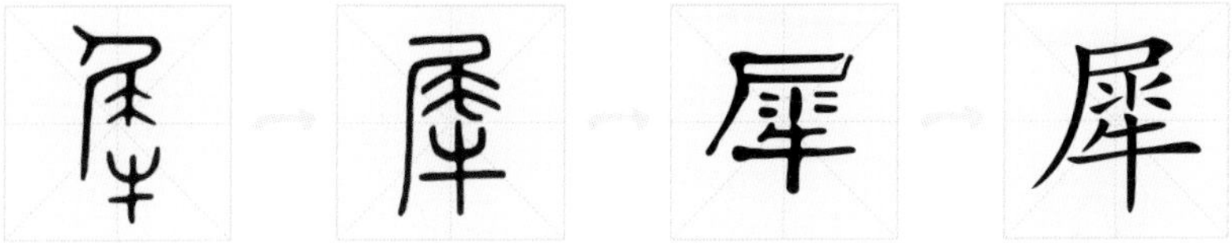

金文　小篆　隶书　楷书

身披铠甲，额长尖角

横冲直撞，力大无穷

我就是威风凛凛的犀牛

犀牛的身体有什么特点？

犀牛体形庞大笨重，头大，颈短，额上还长着尖角，模样十分威风。现在我们就好好认识一下这个大家伙吧。

耳朵 像喇叭口一样，能向各个方向灵活转动，捕捉细微的声响。耳缘常有深色的毛。

长角 鼻子上方长着实心的独角或双角（雌性爪哇犀牛无角）。

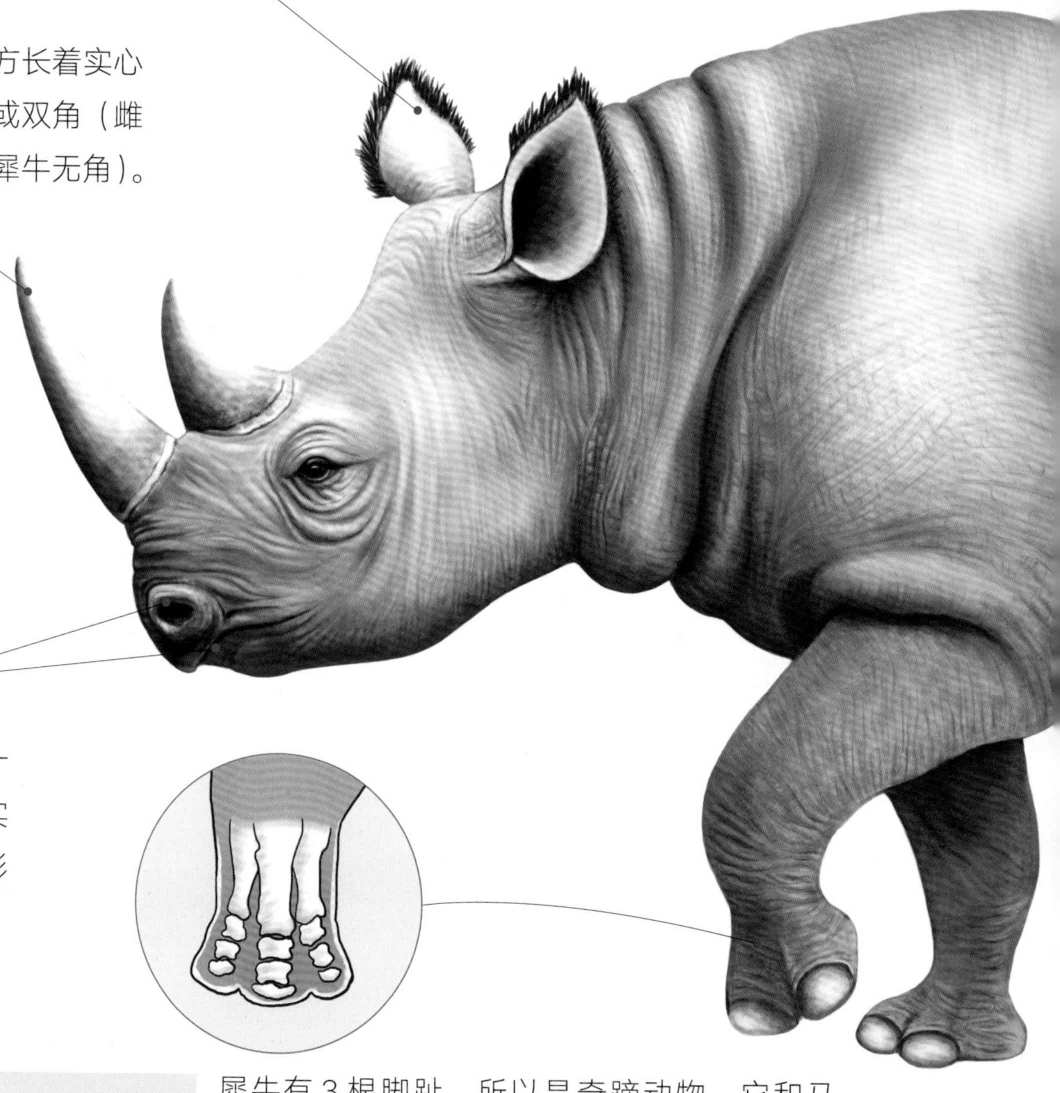

鼻和嘴 鼻孔很大，嗅觉十分灵敏。嘴唇厚实有力，上唇为方形或倒三角钩形。

奇蹄动物 犀牛有 3 根脚趾，所以是奇蹄动物，它和马、斑马是近亲，与牛的关系比较远。

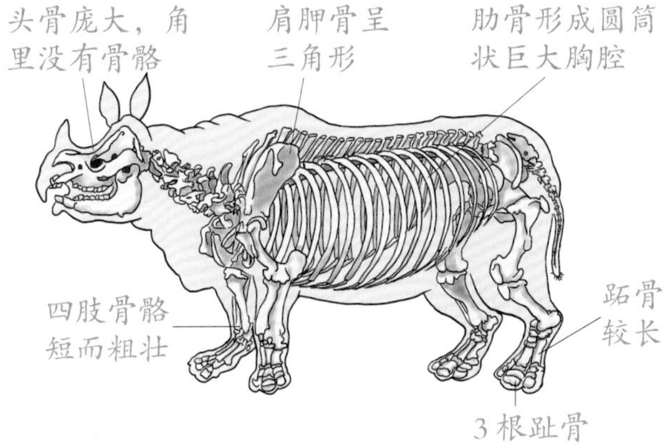

犀牛的骨骼示意图

皮肤 厚而粗糙，常在肩颈、后腰等处形成褶皱，毛发稀少。平均皮肤厚度可达 2.5 厘米，但褶缝处的皮肤十分娇嫩。

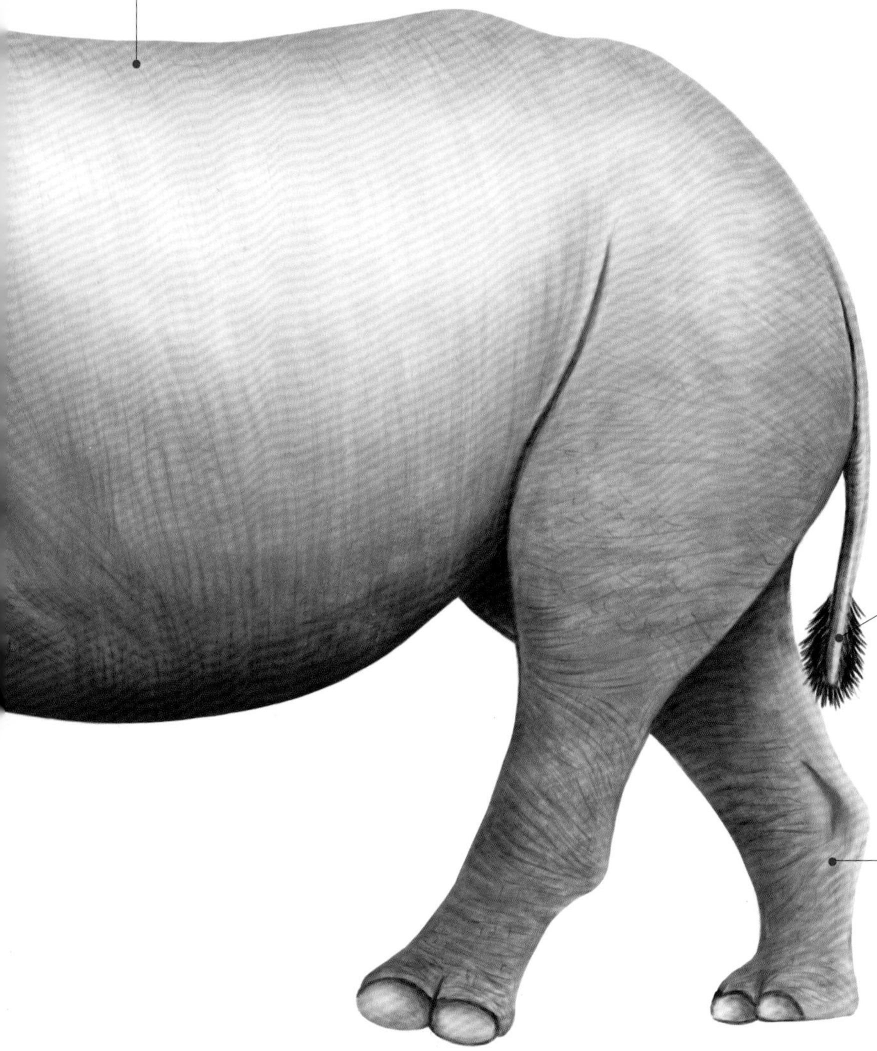

黑犀牛

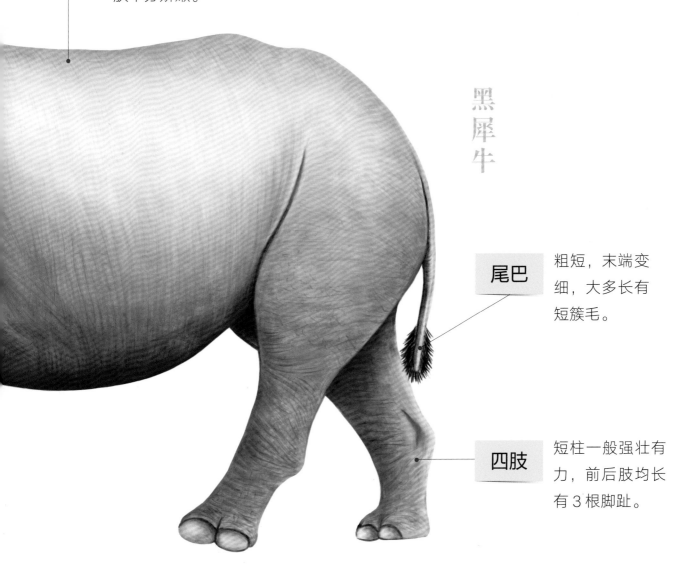

尾巴 粗短，末端变细，大多长有短簇毛。

四肢 短柱一般强壮有力，前后肢均长有 3 根脚趾。

犀牛是一种牛吗？它们的祖先是长角的恐龙吗？

虽然犀牛的名字里带有“牛”字，但它们并不是牛。因为牛有 2 根趾骨，是偶蹄动物；而犀牛有 3 根趾骨，是奇蹄动物，它们和马的关系更近。

恐龙时期的三角龙和犀牛有些相像，但三角龙并不是犀牛的祖先。三角龙是爬行动物，繁殖方式是卵生；而犀牛是哺乳动物，繁殖方式是胎生。犀牛和长相奇怪的貘拥有共同的远古祖先（有学者认为是犀貘），大约 6000 万年前犀类从貘中分化出来，慢慢进化出了跑犀（体形小巧、善于奔跑）、巨犀（陆地上出现过的最大的

犀牛的进化过程

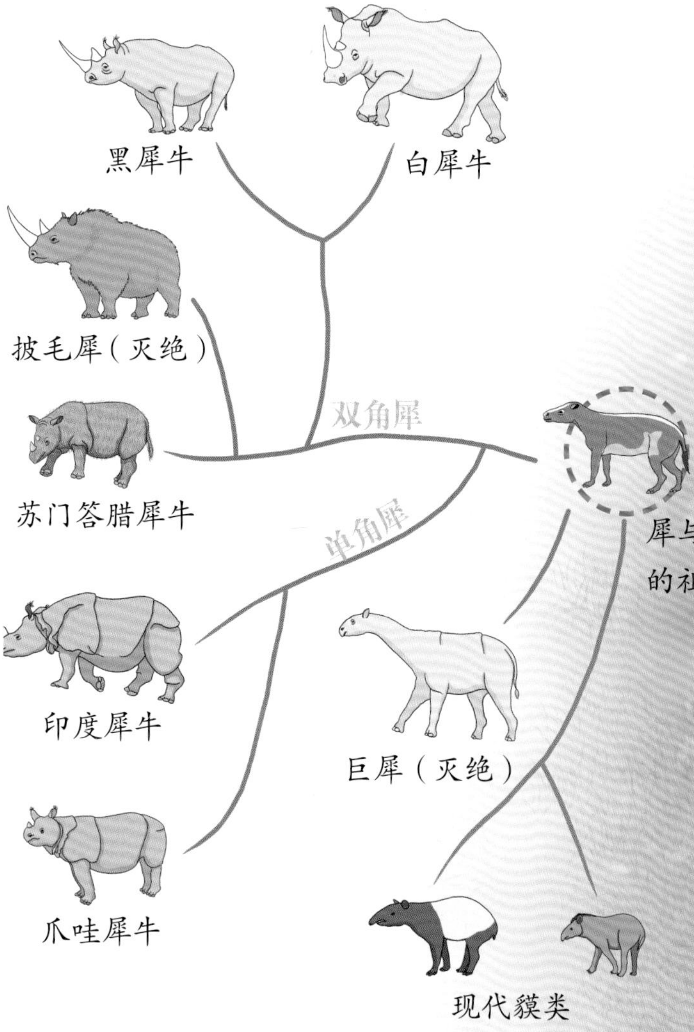

哺乳动物)、水陆两栖的两栖犀以及真犀(最接近现代犀类的动物)。真犀类包括无角犀和有角犀，并演化出很多奇特的种类，如远角犀、并角犀、板齿犀，以及一身长毛的披毛犀等。不过，它们最终都灭绝了。现在世界上只有5种犀牛，但数量都不多，其中爪哇犀牛已接近灭绝了。

板齿犀曾是体形最大的有角犀牛，体长可达8米，重达8吨，仅额前的角就能长达2米。在它们面前，即使猛犸象也相形见绌。但即使这样，凶残的剑齿虎还是会一起围攻它们。

犀牛角和牛角一样吗？犀牛皮有多厚？

犀牛角和牛角是不一样的。牛角是从头骨上生长出来的骨质洞角，是空心的。而犀牛角却是从皮肤细胞中长出来的表皮角，就如同我们人类的毛发一样由角蛋白纤维组成，很硬而且是实心的。犀牛角会不断地生长，不过年老后会长得比较慢，甚至停止生长。犀牛角平均每年要长 7.6 厘米左右，所以犀牛经常要在树干和石头上磨角，一是使角变得锋利，二是要控制角的长度。犀牛的角是它们有力的武器，可以用来赶跑敌人，也可以与其他犀牛进行较量。

犀牛皮和大象皮很相似，平均厚度可达 2.5 厘米，质地坚韧。在我国古代，犀牛皮常被用来制成士兵们穿戴的铠甲，因为它又厚又硬，有很好的防护作用。

不同动物角的构造

不同犀牛的角及其数量

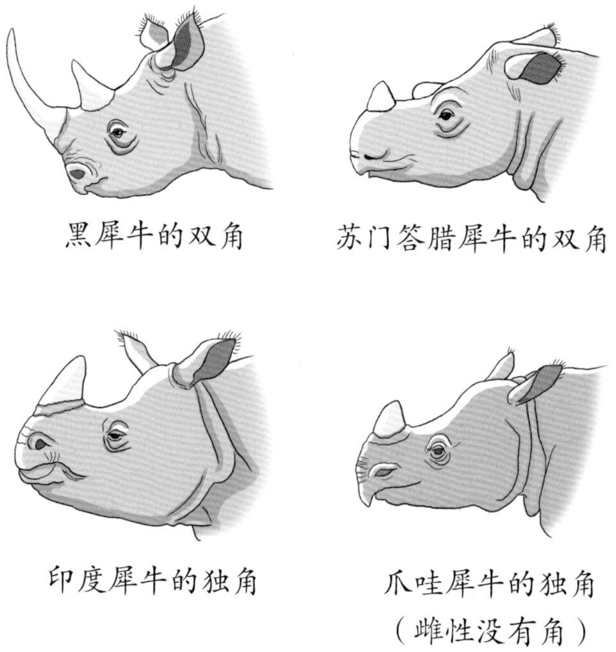

好长的角！
白犀牛拥有犀牛中相对更长的角，有的雌性白犀牛的前角可以长达 1.6 米

犀牛角是独特的表皮角，是由皮肤角质层的毛状角质纤维构成，十分坚硬

犀牛角是表皮角，和鹿角、牛角不一样。由于经常在树干和石头上磨，所以犀牛角的表面并不是很平滑，根部尤其粗糙，粗细也有变化。

犀牛的脾气是不是很大？它们能被人类驯化吗？

虽然犀牛看上去像威风的大将军，但实际上它们胆子很小，爱好和平，不喜欢打架。不过，当它们感觉自己受到了威胁，或者犀牛妈妈为了保护小犀牛，就会变得非常凶猛，会不顾一切地冲向敌人。雄犀牛之间还会为争夺领地或雌犀牛进行决斗。生活在非洲的黑犀牛和白犀牛常用额上的尖角进行攻击，而生活在亚洲的一些犀牛它们的角都比较短，它们会用身体去撞击敌人，并用尖利的下门齿撕咬对方。

犀牛很难被人类驯化。一是因为犀牛大多习惯独自安静地生活，不喜欢和人类有接触；二是因为犀牛反应较迟钝，也容易发脾气，一生气就不分敌我横冲直撞。所以，即使饲养在动物园里的犀牛也很少能被人类驯化。

砰！！！

雌性白犀牛常结成小群生活，它们经常用角互相触碰摩擦，彼此建立起良好的伙伴关系。

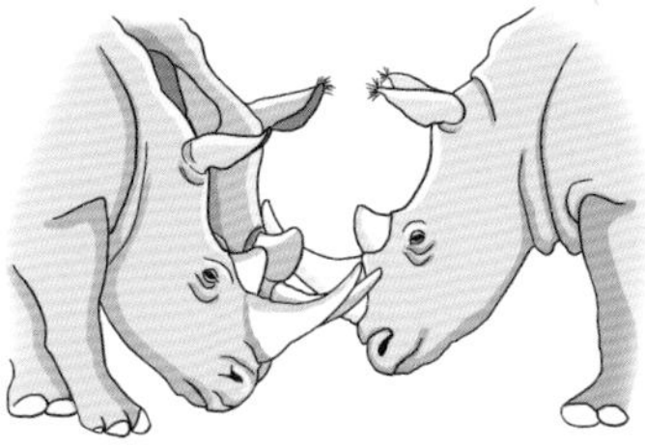

探索早知道

白犀牛并不白，实际上它们和黑犀牛的皮肤一样，都是暗灰色的。据说最早给白犀牛命名的是荷兰人，用了荷兰语“weit”一词，表示它们的嘴巴又方又宽。后来被人们误认为是英语“white”（含义为“白色”），从此白犀牛的叫法就传开了。

犀牛打架前一般会先发出尖叫，再来几次假冲锋，警告对手赶紧离开。如果对手不听，才会进行真正的决斗。它们会低头冲锋，然后用角对撞或拱顶，互不相让。这种战斗很容易造成伤亡，尤其雄犀牛在争夺领地时，常常会不死不休。

犀牛喜欢吃什么？它们是怎样吃东西的？

犀牛是食草动物，因为身体巨大，所以它们每天都需要吃大量的植物来满足身体的需要，如白犀牛一天就要吃进大约 25 千克的青草。

白犀牛没有下门齿，但嘴唇宽而有力，以地面青草为主食，每天低着头不停地吃。黑犀牛同样没有下门齿，但上唇有钩状突起，就像小小的象鼻子，能灵活地抓住树枝，吃树叶、嫩枝和果实，很少低头吃草。这也是这两种犀牛能共同生活在非洲大草原的原因。而亚洲的独角犀牛——印度犀牛和爪哇犀牛，以及长毛双角的苏门答腊犀牛，都有钩状的上唇，取食方式很灵活，细枝、嫩叶、嫩芽、青草还有果实，都是它们的食物。印度犀牛和爪哇犀牛还有一对尖锐的下门齿，不过主要是用来打架的。

苏门答腊犀牛以嫩叶、幼苗等为食，它们的上唇也有突起，能很好地咬住树叶。

印度犀牛喜欢吃生长于高草地和芦苇地等地区的长草，不过它们也能低头吃很矮的草。

爪哇犀牛喜欢吃嫩的枝叶、果子和竹类植物。

黑犀牛正用有钩状突起的上唇将树枝上的叶子卷到嘴中，它们常扬着头吃东西。

白犀牛喜欢低着头用方唇大嘴拔吃地面的草，就像割草机一样。它们很少抬头去吃树木的叶子或者长得过高的草。

为什么犀牛喜欢泡在水里，还喜欢在泥里打滚呢？

犀牛生活的地方气候都比较炎热，它们巨大的身体会产生很多热量，可是犀牛的身上没有汗腺，无法靠出汗来给身体降温。为了防止自己中暑，犀牛会经常泡在水中降温，或者在泥坑里打滚，给身体涂上一层稀泥，当稀泥中的水分蒸发时，便会带走身体的热量。另外，犀牛的皮虽然很厚，却容易被晒伤，加上皮褶处的皮肤很薄，很容易被吸血的蚊虫叮咬。所以，犀牛在泥坑里打滚，等于给皮肤裹上了一层“泥衣”，

探索早知道

犀牛每天都需要喝水。但在非洲的干旱季节，白犀牛和黑犀牛最多可以四五天不喝水。有些黑犀牛在没水时，还会用前腿挖掘沙土下的地下水来喝呢。

黑犀牛正在和长颈鹿一起喝水。

不仅可以防晒，还可以将“吸血鬼”困在泥浆里。泥浆干后，犀牛会靠着树干来回摩擦身体，将干泥擦落下来，顺便也能除去皮肤上的那些“吸血鬼”了。

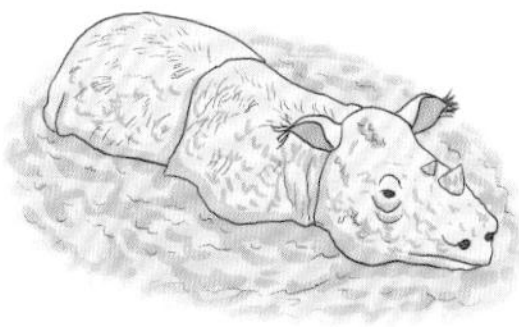

正在泥坑中享受的苏门答腊犀牛。

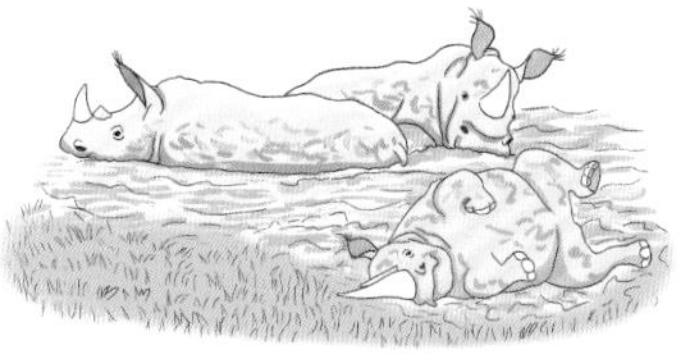

在泥坑中打滚休息的白犀牛。

正泡在河水中享受清凉的印度犀牛。它们虽然披着又厚又硬的皮甲，但褶皱处的皮肤很薄，容易招来蚊虫叮咬，所以会随时泡在水里或用泥水涂抹全身。

犀牛的视觉好吗？它们的听觉和嗅觉怎么样？

犀牛的眼睛很小，又长在头部两侧，观察事物并不方便，视觉也很糟糕，既色盲又高度近视。如果你站在离它们 30 米外的地方静止不动，它们很难看清你。不过，犀牛有着超强的听觉和嗅觉。它们的耳朵像两个敞口的大杯子，能灵活地朝各个方向旋转，捕捉周围最轻微的响声。它们的鼻子就像是“超级眼睛”，能闻到数百米远的人身上散发的气味，还能分析空气中的各种信息，脑内负责嗅觉分析的组织十分发达，所占空间也较大。平时，犀牛就是通过嗅觉和听觉来感知危险、躲避敌人的。

哦，原来是一只豹龟啊！
犀牛的眼睛很小，视觉又差，只能看清很近的东西，可以算是高度近视了
你们好！

雄性黑犀牛正卷起上唇、张大鼻孔，捕捉空气中雌性黑犀牛留下的气息。

犀牛当然会叫，它们能通过发出不同的尖叫声或喷鼻声来进行沟通。当小犀牛不小心走散或者处于危险中时，它们也会高声喊叫。

犀牛会叫吗？

好像很少听到它们叫。

犀牛的眼睛实在太小了，视觉也很糟糕。但它们有大大的耳朵和大大的鼻孔，能帮助它们探查周围的信息。

犀牛会互相来往吗？它们的身上为什么总是臭臭的？

大多数犀牛除了短暂的繁殖期外，平时不来往。不过，在野外的雌性白犀牛常会结成不超过 6 个成员的小群生活，在水源和食物充足的季节，还会暂时结成大群。相互认识的黑犀牛有时会聚在同一个水塘或泥坑中洗浴，但它们平时不会互相来往，也不允许陌生的同类加入。

雄犀牛都有着很强的领地意识，常会用气味来做标记，警告其他犀牛不要靠近。它们喜欢在领地周边固定的地点排便，并用脚乱刨粪堆，让四肢和身体沾上气味，这样当它们到处走动时，气味便会散发到各处了。它们有时还会直接在粪堆上打滚，让浑身都沾满气味，这样能把气味传得更远。为了加强效果，雄犀牛还会到处撒尿，将尿液喷洒在灌木、草丛或树干上，这种气味能持续好几天。

犀牛虽然大多是独居动物，但雌性白犀牛和未成年小犀牛常会结成小群生活。

因为它们也保持了在野外生活的习性，总会在相同的地点排便，虽然工作人员每天努力打扫，但气味仍然很难消失。

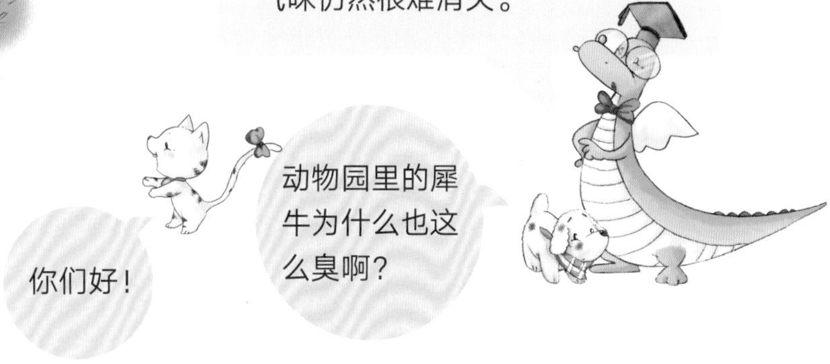
你们好！
动物园里的犀牛为什么也这么臭啊？

有其他犀牛入侵？
一头雄性印度犀牛正在领地巡逻，发现前方有情况，开始进入攻击状态。
冲！

犀牛会在领地周边排粪，并经常用脚刨乱自己的粪便，让身上也沾上气味，以便扩大自己的气味范围。

雄性黑犀牛正在喷洒尿液来标记自己的领地。犀牛能把尿液喷3米远，覆盖很大一片范围。不过雌性黑犀牛喷尿液一般是想寻找合适的伴侣了。

犀牛是怎么成长的？小犀牛和妈妈总是形影不离吗？

犀牛爸爸只有到了繁殖期，才会短暂地和犀牛妈妈生活在一起。犀牛妈妈怀孕 15~19 个月后，会生下一个犀牛宝宝。犀牛宝宝大约出生半小时后，就会努力站起来，找妈妈吃奶。在刚出生的前几周，犀牛妈妈和宝宝会一直待在隐蔽的地方，熟悉彼此的气味和声音，建立起牢固的母子联系，这样将来就不怕走散了，毕竟它们的视力实在太差了。母子俩平时总是形影不离，等小犀牛快 2 岁时会彻底断奶，犀牛妈妈大多会再次

黑犀牛妈妈和宝宝

小黑犀牛的成长过程

小黑犀牛出生 3 天后就能跟着妈妈到处走动了。

小黑犀牛的 2 只角都长出来啦，前角会长得更长一些。

小黑犀牛快 2 岁啦，妈妈又开始“相亲”了，很快就会怀上宝宝。

小黑犀牛长得几乎和妈妈一样大了，等新宝宝出生，它就要离开妈妈了。

因为白犀牛几乎只吃地面草，而黑犀牛喜欢吃灌木枝叶和高草，很少吃地面草，所以它们能共存于非洲的稀树大草原上。

怀孕，小犀牛这时还会跟着妈妈，直到十几个月后自己的弟弟或妹妹出生，才不得不离开妈妈。这些还没有真正成年的小犀牛会和其他小犀牛结伴生活，甚至会和另一个带着宝宝的犀牛妈妈生活一段时间。但最终，它们会离开伙伴，开始自己独立生活。

白犀牛妈妈
和宝宝

为什么犀牛的背上总停落着小鸟？

犀牛的皮虽然很厚很硬，但褶皱处的皮肤却又薄又嫩，很多寄生虫就喜欢躲在这里吸犀牛的血。犀牛被咬得又痛又痒，又不能随时来个泥水浴，所以十分难受。好在犀牛有一个好朋友，名叫牛椋 (liáng) 鸟，又叫非洲啄牛鸦。它们常常落在犀牛身上，用尖尖的嘴捉这些寄生虫来吃。对牛椋鸟来说，犀牛就像一张“移动的餐桌”。牛椋鸟还会通过特别的叫声与犀牛交流，比如告诉犀牛怎么做，以便让它们能清洁一些比较隐蔽的地方，如两腿之间、尾巴下面等。

牛椋鸟不仅是犀牛的“治虫好帮手”，还能担任犀牛的“贴身警卫”。犀牛的视力很差，牛椋鸟站在它们高高的背上，可以观察周围的动静。一旦发现有什么不对，它们就会尖声鸣叫以及飞来飞去，这样犀牛就能及时得到“警报”了。

牛椋鸟不仅服务于犀牛，对大草原上的其他动物也一视同仁，马不停蹄地替它们除虫灭虱。

牛椋鸟在捉虫时，有时会啄破犀牛的皮肤，甚至还会扯下一点儿肉，它们也会顺嘴就吃了。犀牛一般不会在乎，但如果牛椋鸟太过分，犀牛就会把它们赶走。

对啊。

牛椋鸟的喙那么尖，犀牛不怕疼吗？

黑犀牛和停落
在它们身上的牛椋
鸟和睦相处，互
惠互利。

犀牛平时是怎么睡觉的？它们是不是跑不快？

犀牛通常在早晨或傍晚天气较凉爽时活动，而在闷热的中午，它们会在树丛的阴凉地静卧休息或在泥坑里泡澡睡觉。它们睡觉时要么趴着，要么垂着脑袋站着。即使看似睡着了，它们的耳朵仍然会向四下转动，警惕着四周的动静。它们在站着睡觉时偶尔还会原地打转或小跑几步，就像醒着一样。犀牛晚上一般会睡上几个小时，当它

犀牛的各种睡姿

趴卧着睡　　侧躺着睡　　站着打盹　　泡在水里睡　　在泥坑里趴着打盹

中午时分，两头白犀牛正在金合欢树的树荫里睡大觉，而背上的牛椋鸟则担任着“警卫员”的角色。
呼噜…… 呼噜……

们进入深度睡眠时，会侧躺着微微蜷缩着腿，而且还会打呼噜。

别看犀牛体形笨重，又高又大，它们仍能以相当快的速度快走或奔跑。非洲黑犀牛能在短距离内达到每小时 45 千米的速度，这可不比马慢多少啊。

正在奔跑向前的白犀牛。

运动姿势

正常行走

缓步小跑

黑犀牛短距离冲刺的速度甚至快赶上奔跑的马了。

印度犀牛正发力狂奔。

犀牛有天敌吗？

成年的犀牛除了其他同类，几乎没有对手。狮子、老虎这样的猛兽一般不会去挑战犀牛，即使它们的尖牙能咬穿犀牛的厚皮，但想撕开却十分费劲，因为犀牛皮实在太结实了；再加上犀牛有尖尖的角，反倒容易伤到自己，实在是得不偿失。不过，小犀牛就没那么幸运了，它们的皮肤还不是很厚，角也没有长成，奔跑的速度也较慢，如果没有犀牛妈妈的保护，很容易成为老虎、狮子或鬣狗的口中餐。

犀牛最大的敌人是手拿武器的人类。因为人们认为犀牛角是治病的“灵丹妙药”，所以大量地捕杀犀牛，使得犀牛的数量急剧减少。

当敌人处在犀牛的下风处时，犀牛闻不到它们的气息，容易遭到攻击。

如果敌人处在犀牛的上风处，犀牛凭借灵敏的嗅觉能及时地发现危险。

在草原上，发怒的非洲象能将犀牛掀翻在地，甚至杀死它们。

狮子一般不敢轻易招惹犀牛，通常会在一旁看着它们吃草。

非洲草原上，白犀牛妈妈为了保护小犀牛正和鬣狗群展开大战。它的视力虽然不好，但当发现孩子有危险时，就会像坦克一样向敌人发起冲击。

目前世界上有哪几种犀牛？

犀牛现在只生活在非洲和亚洲地区，目前还有 5 种。我们一起来认识它们吧。

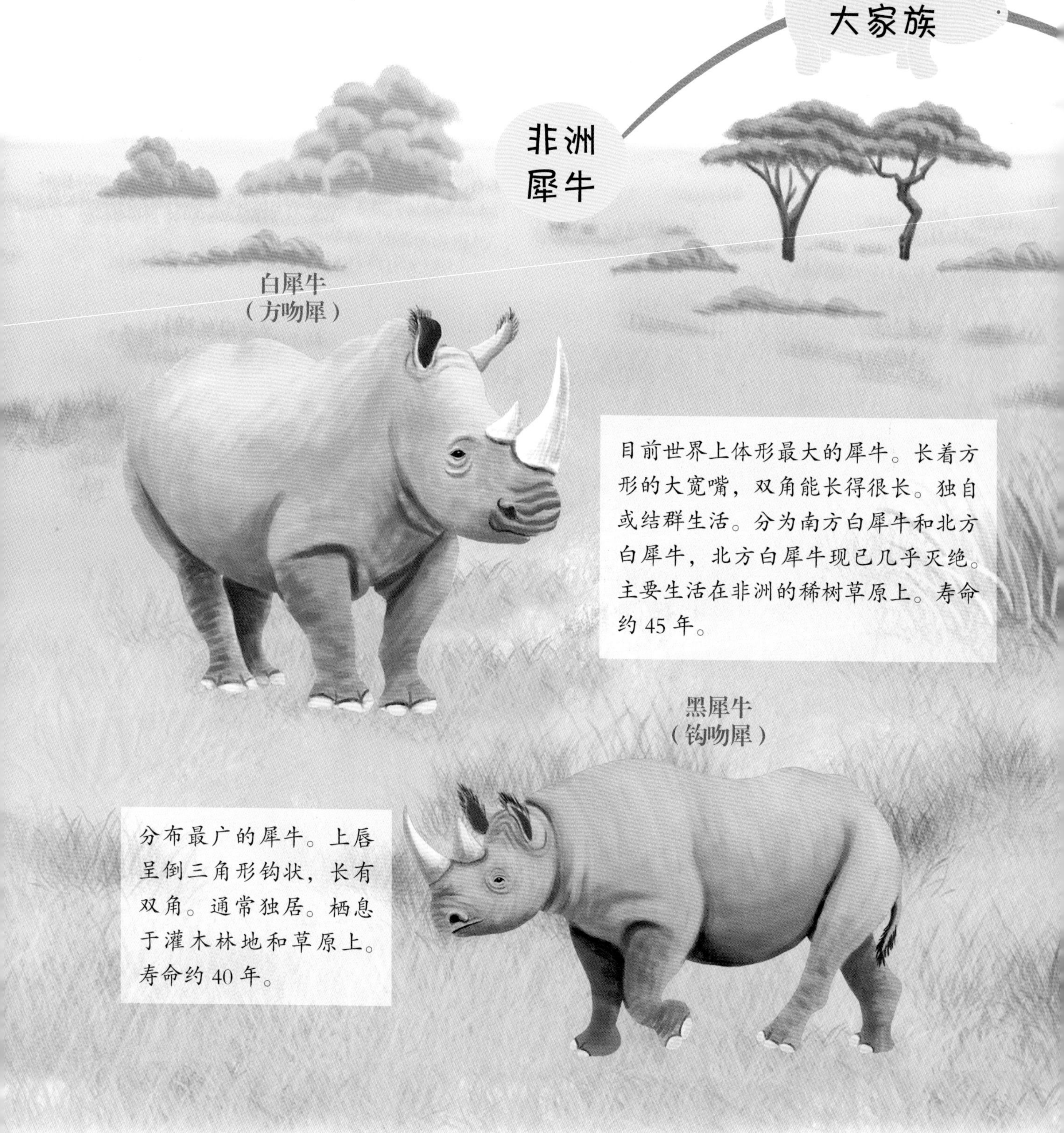

目前世界上体形最大的犀牛。长着方形的大宽嘴，双角能长得很长。独自或结群生活。分为南方白犀牛和北方白犀牛，北方白犀牛现已几乎灭绝。主要生活在非洲的稀树草原上。寿命约 45 年。

分布最广的犀牛。上唇呈倒三角形钩状，长有双角。通常独居。栖息于灌木林地和草原上。寿命约 40 年。

亚洲犀牛

印度犀牛
（大独角犀）

体形与白犀牛差不多。身上皮褶很明显，像穿着厚重的铠甲，皮上有许多钉头似的小鼓包，独角粗短。独居。主要分布于尼泊尔和印度，栖息于平原草丛和芦苇地。寿命约 45 年。

苏门答腊犀牛
（亚洲双角犀、多毛犀牛）

现存体形最小的犀牛，也是唯一身上长毛的犀牛，双角很短。独居。现主要生活在苏门答腊岛，栖息于山区雨林和沼泽地。寿命约 32 年。

爪哇犀牛
（小独角犀）

濒危物种，据估计现在世上只有几十头了。其外形与印度犀牛有些相似，但体形稍小，长着短短的独角。独居。生活在印尼爪哇岛，栖息于低地雨林和沼泽中。寿命约 40 年。

5 种犀牛的大小比较

白犀牛

肩高 1.6~1.9 米
体长 3.4~4 米

印度犀牛

肩高 1.48~1.9 米
体长 3.2~3.8 米

爪哇犀牛

肩高约 1.6~1.75 米
体长约 3~3.2 米

黑犀牛

肩高 1.4~1.8 米
体长 3~3.75 米

苏门答腊犀牛

肩高 1.3~1.5 米
体长 2.4~3.2 米

长毛的苏门答腊犀牛

嘿，我是东南亚苏门答腊犀牛。以前，我曾广泛分布于东亚和东南亚地区，古代中国人最常见到的犀牛就是我啦。因为我身上有毛，比其他犀牛耐寒能力强一些，所以曾经在黄河流域一带生活过哦。后来因为气候变冷，我只能往温暖的南方迁徙了。13 世纪时，威尼斯旅行家马可波罗游历东南亚时，在苏门答腊岛上见到了我，他描述我为“长角的狮子”，而把我的亲戚爪哇犀牛称为“独角兽”，我也因此成为最早被西方人知道的犀牛之一。

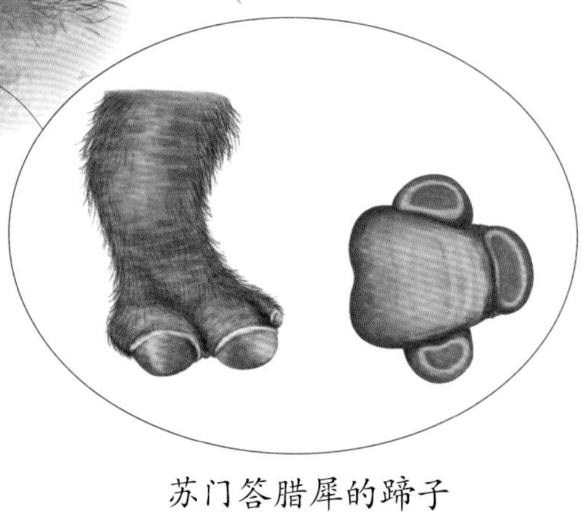
苏门答腊犀的蹄子

我是现存的 5 种犀牛中个头最小的，温驯而又胆小。不过，我可是唯一长毛的犀牛，全身覆盖着红棕色至深灰色的毛发，与已经灭绝的史前披毛犀是近亲，也因此是现代犀牛中最具原始特征的一个。不过，现在的我处境十分危险，人们只有在印尼的苏门答腊岛、加里曼丹岛和婆罗洲的雨林中才能偶尔看到我的身影。据估计，野外的苏门答腊犀牛已不足 100 头，我已濒临灭绝了。

白天，苏门答腊犀牛喜欢躺在泥坑里休息，通常黄昏后才会出去找东西吃。

苏门答腊犀牛每胎只生一个小宝宝，小宝宝出生后会在母亲身边待 2~3 年。

苏门答腊犀牛还是犀牛中最吵闹的。它们经常会发出一种类似“咦”的短促叫声，在发现危险时会发出很尖的哨声，在寻找伙伴时还会发出一种类似鲸鱼“唱歌”的声音。

探索早知道

苏门答腊犀牛的近亲——披毛犀。它们曾是旧石器时期人类的狩猎对象，大约在 1 万年前灭绝了，是最晚灭绝的史前犀牛。

动物活化石——貘

我是貘，被称为“动物活化石”。我和犀牛是同一个祖先，但我比犀牛出现的时间早很多，而且经过千万年的演变，外形还保留着祖先的特征。我前突的长鼻子虽然没有象鼻子那么长，但也十分灵活，能轻松卷摘树叶。我有一双小眼睛，视觉较差，但听觉和嗅觉十分灵敏。我没有什么防身的本领，只能晚上出来寻找多汁的植物嫩叶和果实来吃。我最喜欢住在森林的水边，一有什么动静，就马上潜到水里躲起来。

我的家族曾经遍布北美洲和欧亚大陆，但现在只在东南亚、中美洲和南美洲还生活着 5 种不同的貘。现在，就一起来认识一下它们吧。

亚洲貘遇到花豹这样凶恶的敌人，会拼命低头奔跑，钻入林中或潜入水中躲避。如果实在逃不了，就会反身冲撞对方。

貘的习性

用后腿蹲坐。

奔跑时会低着头。

喜欢在泥里打滚。

在水中游泳或行走时，鼻子会伸出水面呼吸空气。

（一）亚洲的貘

亚洲只有1种貘，叫亚洲貘，又叫马来貘、印度貘，是目前体形最大的一种貘。它们分布于缅甸、泰国，以及马来半岛、苏门答腊岛等地，生活在低海拔的热带雨林中。身体为黑白两色，很容易辨认。有人认为它们鼻似象、耳似犀、尾似牛、足似虎、躯似熊，所以又称其为“五不像”。

貘的脚趾

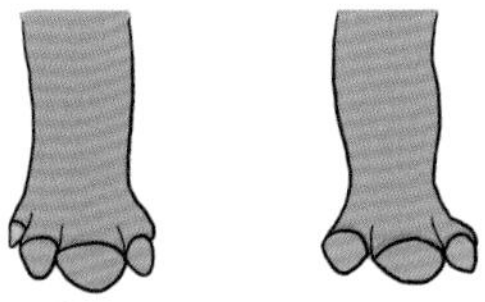

亚洲貘的成长过程

初生的小貘全身深褐色，有白色或黄色的斑纹。

体色变黑，肩后至尾部的毛色开始变白。

身上的斑纹进一步褪去，白色更加明显。

大约6个月后，就有了鲜明的白色“斗篷”。

貘的鼻子能灵活地勾取树枝嫩叶，送入口中。

食谱

亚洲貘从肩部到身体后部为灰白色，被称为“披着斗篷的貘”，又像穿着肚兜或裹着尿布，所以很容易辨认。

（二）美洲的貘

美洲生活着 4 种貘，主要分布在中美洲和南美洲，依据体形从大到小，它们分别是：中美貘、南美貘、山貘和卡波马尼貘。

中美貘

全身为深灰色至黑褐色
脸颊部的毛发颜色较浅，唇边、耳尖、喉部和胸部的毛发颜色很浅
两侧脸颊上各有一个暗点，就像是人脸上的大黑痣一样
幼貘全身红棕色，有条形和点状斑纹

分布于中美洲至南美洲西北部，从平原到高山能适应多种环境，目前是美洲的貘中个头最大的。

山貘

成年山貘的臀部有两块无毛区域
浑身长着浓密的棕色至黑色的毛发，柔软细腻，能适应山区的寒冷环境
长着显著的白嘴唇，耳尖为白色，一对小眼睛总像是刚睡醒一样
幼貘身上的斑纹较碎较乱，条纹常断开

又叫毛貘，身上长有密毛。生活在南美洲安第斯山区，体形小而优雅。

南美貘

又叫巴西貘、低地貘，分布于南美洲北部至中部地区，体形比中美貘略小，身体十分灵活，在崎岖的山地也能奔走自如。

卡波马尼貘

又叫小黑貘，目前是体形最小的一种貘，是 2013 年在巴西和哥伦比亚新发现的种类。它是南美貘的近亲，但比南美貘小很多。

中国的犀牛

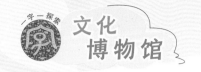

我国现在已经没有野生犀牛了，但在历史上，它们曾经广泛分布于我国南方和中原地区，不仅有印度犀牛、爪哇犀牛，还有苏门答腊犀牛，数量不少。后来，人们大量猎杀犀牛，用犀牛皮制作盔甲和盾牌，犀牛角也成为很贵重的药材。同时，随着黄河以北的气候开始明显变冷，不太适合犀牛生存，所以到了东汉之后，黄河、长江流域就很少见到犀牛了。唐朝时，因国力强盛，一些周边国家曾进献驯犀，然而当时气候转冷，驯犀受冻而死。1922 年，我国境内最后一头野生犀牛在云南被猎杀，从此，犀牛便在我国野外灭绝了。

上古时，犀牛在我国中原地区广泛分布。在殷墟出土的甲骨文中，多次记载了商王猎犀之事。《逸周书·世俘》也记载，西周时期的周武王伐纣后不久，曾在殷都举行过一次大型围猎，捕获了 12 头犀牛。

嗯，今天的收获还不错。
大王，共捕获了12头犀牛。

春秋时期，由于战争频繁，坚硬的犀牛甲也被大量用于制作盔甲和盾牌。据记载，当时仅吴王夫差手下就有3000名犀甲勇士。

公元797年冬天，长安大雪成灾，连很多竹柏都冻死了，当时别国进贡来的驯养犀牛安置在皇家园林中，也不幸受冻而死。

1922年，最后一头野生小犀牛被猎人射杀，中国野生犀牛灭绝了。

博物馆中的犀牛

中国国家博物馆——错金银云纹青铜犀尊(西汉)

1963 年出土的西汉时期错金银云纹青铜犀尊是用来装酒的酒壶。它的外形是一头昂首站立的犀牛，肌肉发达，四肢强壮，两角尖锐，造型十分逼真。尊的表面装饰非常漂亮，也表示犀牛生活在云雾弥漫的雨林中。尊背上有一个椭圆形的开口，口上有盖，打开盖子，便可将酒倒入尊腹中。在犀牛嘴巴的右侧有一圆管状开口，那就是往外倒酒的壶口。这件国宝现馆藏于中国国家博物馆，为镇馆之宝。

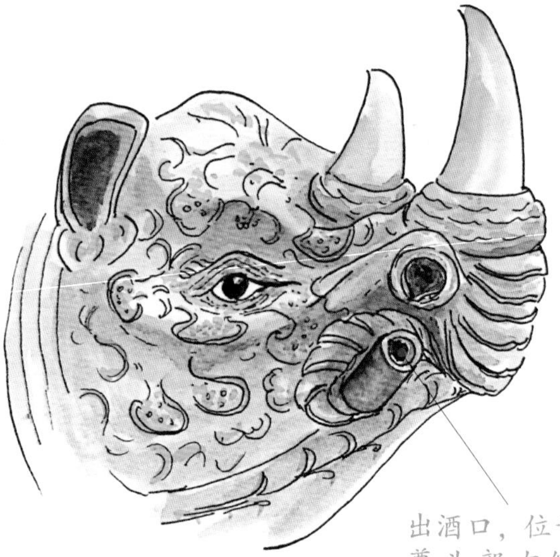
出酒口，位于犀尊头部右侧下方，酒就是从这里倒入杯子的

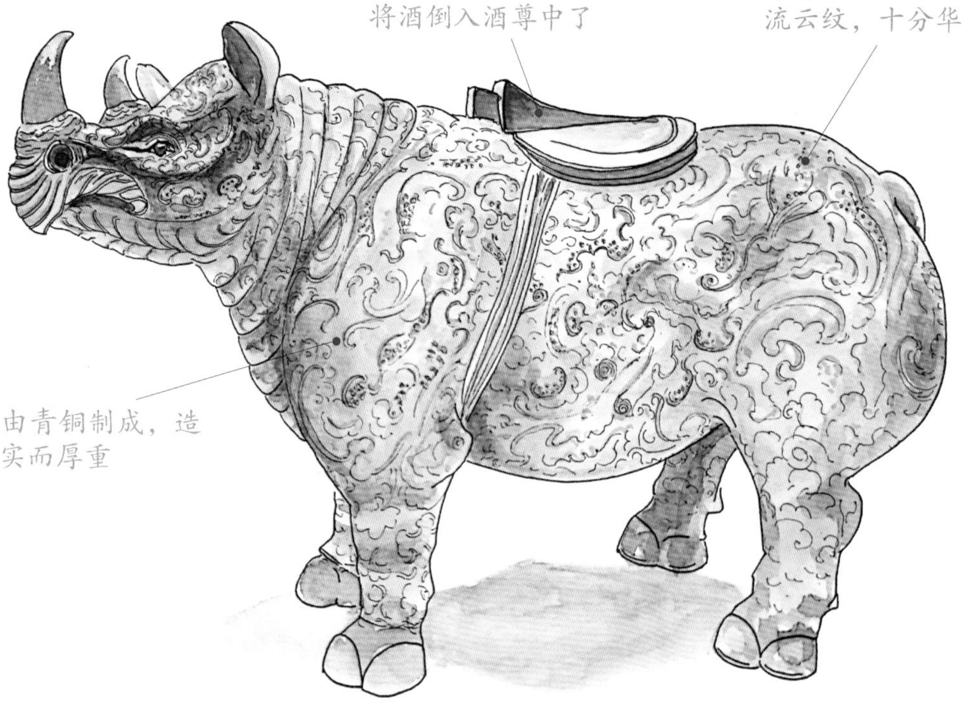
酒壶盖，打开后就可以将酒倒入酒尊中了
浑身布满金银丝镶嵌的流云纹，十分华丽
身体由青铜制成，造型写实而厚重

长 58.1 厘米，高 34.1 厘米，重 13.5 千克

西安碑林博物馆——献陵石犀（唐代）

这尊体形巨大、造型生动的石犀，是唐高祖李渊的陵墓——献陵的墓道石刻兽之一，也是历代帝王陵中唯一的一件犀牛石刻，十分珍贵。石犀虽然体形高大、雕刻简洁，但比例恰当，生动写实，被称为“国之瑰宝”。

长 3.37 米，高 2.38 米，重约 10 吨

石犀由整块青石雕成，是根据当时林邑国（今越南）进贡的圆帽犀的样子雕刻而成。

好巨大的石犀牛啊！

成都博物馆——石犀“萌牛牛”（秦汉）

2012 年出土的这尊石犀，是由整块红砂岩雕刻而成，造型非常简练概括，憨态可掬，于是人们又给它起了个外号，叫“萌牛牛”。“萌牛牛”是在 20 世纪 70 年代时被发现的，但由于当时条件有限，只能让它继续埋在地下，直到 2012 年才被完整地挖出。据推测，制作它的年代应该是秦汉时期，被古人用来镇压水患。这也是迄今为止发现的我国同时期最大的圆雕石刻。

长 3.31 米，宽 1.38 米，高 1.93 米，重约 8.5 吨

名诗中的犀牛

无题（其一）

唐 · 李商隐

zuó yè xīng chén zuó yè fēng
昨夜星辰昨夜风，

huà lóu xī pàn guì táng dōng
画楼西畔桂堂东。

shēn wú cǎi fèng shuāng fēi yì
身无彩凤双飞翼，

xīn yǒu líng xī yī diǎn tōng
心有灵犀一点通。

gé zuò sòng gōu chūn jiǔ nuǎn
隔座送钩春酒暖，

fēn cáo shè fù là dēng hóng
分曹射覆蜡灯红。

jiē yú tīng gǔ yìng guān qù
嗟余听鼓应官去，

zǒu mǎ lán tái lèi zhuǎn péng
走马兰台类转蓬。

画楼、桂堂：都比喻富贵人家的屋舍。

灵犀：旧说犀牛有神异，角中有白纹如线，直通两头。

送钩：也称藏钩。古代宴会中的一种游戏。

分曹：分组。

射覆：一种游戏，在器物下放着东西令人猜。

鼓：指更鼓。

应官：指去朝廷当差。

兰台：即秘书省，掌管图书秘籍。诗人曾在秘书省任职。

译文 昨夜星光灿烂，夜半时吹起习习凉风，我们的酒筵设在了画楼西畔、桂堂之东。虽然我没有彩凤那样的双翼飞到你身边，但你我内心的情感却像灵犀那样息息相通。人们玩着猜钩、射覆的游戏，隔着座位对饮温好的春酒，点着蜡烛的灯笼泛着红光。可叹更鼓响起，我又要上朝点卯（mǎo），骑着马儿赶去秘书省，觉得自己就像随风飘飞的蓬蒿。

诗意 这是一首抒发诗人心中情感的优美诗篇，历代广为传诵。全诗共有8句。首句写时间，点明是星辰漫天的夜半时分。第二句写地点，用“画楼”“桂堂”来暗示宴会的美好环境。第三、四句则表达对远方爱人的相思之情以及两人心心相印的情感。第五、六句描写热闹的游戏，用宴席的热烈衬托出诗人内心的孤独。第七、八句则表达了诗人因要去朝廷当差而身不由己的无奈，流露出对差事的厌倦。全诗表达了诗人细腻而真切的心理活动，将一段只可意会不可言传的情感描绘得含蓄而浓烈。

成语故事中的犀牛

牛渚燃犀

晋朝大臣温峤(qiáo)是一个聪敏而很有学识的人，很有治国的才能。有一年，温峤帮助朝廷平息了动乱、稳定了局势后，辞官返回江州。4月时，他乘船经过一个叫牛渚(zhǔ)矶(jī)的地方，这里水深不可测，还传言水下多有怪物。到了晚上，温峤便停在江面过夜，忽然听到一阵若隐若现的音乐声。

此时，江上漆黑一片，温峤侧耳细听，发现音乐声是从深不见底的江水下传来的。他便吩咐随行的仆人点燃一支犀牛角。犀牛角十分耐燃，火焰又很亮，将水面水下都照得如同白昼一般。

不一会儿，一些水怪冲上来掩火，他们长得奇形怪状，还有一些穿着红衣乘着马车的。这天晚上，温峤做了一个梦，梦见有个人对他说："我与你是在人鬼两个不同的世界，各不相扰,为什么你要点燃犀牛角照亮来打扰我们呢？"他的样子看上去十分生气。不久以后，温峤因牙疾引发了中风去世，年仅 42 岁。江州的百姓听说后，无不伤心落泪。

故事小启示

这个故事中点燃的犀牛角可以照见黑暗水底的妖魔鬼怪，是不是很厉害？后来人们就用"牛渚燃犀"来比喻人能洞察奸邪，什么事情都逃不过他的眼睛。

学说词组

犀

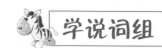

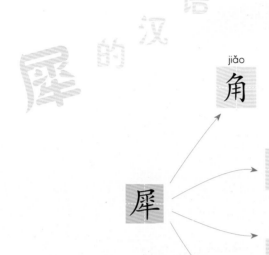

- jiǎo 角：犀牛头上的角。
- lì 利：形容刀、剑等坚韧锋利，也比喻人的言辞或目光尖锐明快。
- niǎo 鸟：一种生活在热带丛林中的鸟，以昆虫和野果为食。体形较大，喙粗而长，形似犀牛角，故得名。
- niú 牛：犀的通称。

学说成语

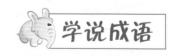

xī niú wàng yuè
犀牛望月
犀牛看到月亮的形状和犀角的形状相似，就认为月亮是在模仿它的角。比喻人看待事物不全面。

xī zhào niú zhǔ
犀照牛渚
比喻洞察幽微。同“牛渚燃犀”。

bá xī zhuó xiàng
拔犀擢象
擢：提升。比喻提拔才能出众的人。

zhuài xiàng tuō xī
拽象拖犀
能徒手拉住大象、拖住犀牛。形容勇力过人。

xīn yǒu líng xī yī diǎn tōng

心有灵犀一点通

原来比喻恋爱着的男女双方心心相印。现多比喻双方对彼此的心思都能心领神会。也可以简称“心有灵犀”。

yá qiān xī zhóu

牙签犀轴

古时书为卷轴，系在书卷上作为标识、以便翻检的签牌，叫牙签；用犀角制作的书画卷轴，叫犀轴。两者都指书籍。也形容书籍十分精美。同“牙签玉轴”。

探索早知道

古时，传说有一种犀牛长着三只角，一角长在头顶上，一角长在额头上，另一角长在鼻子上。鼻子上的角短粗，额头上的角能挖地，而头顶上的角能通天，角内有一条白线贯通角的首尾，感应非常灵敏，故称“灵犀”。

妈妈，他也是犀牛吗？
我是印度犀牛，你们好啊！

游戏实验馆

降温实验

我们知道犀牛喜欢通过泡澡和洗泥水浴来给身体降温，这是利用了水在变成水蒸气时会带走相应的热量的原理。现在，我们也来实验一下，利用水蒸发时会带走热量的原理，看看能不能给我们的饮料降降温吧。

实验材料

两罐常温的饮料

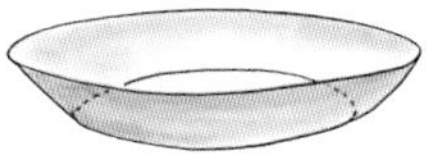

一个盛水盘

一个大水杯

一个陶土花盆

实验步骤

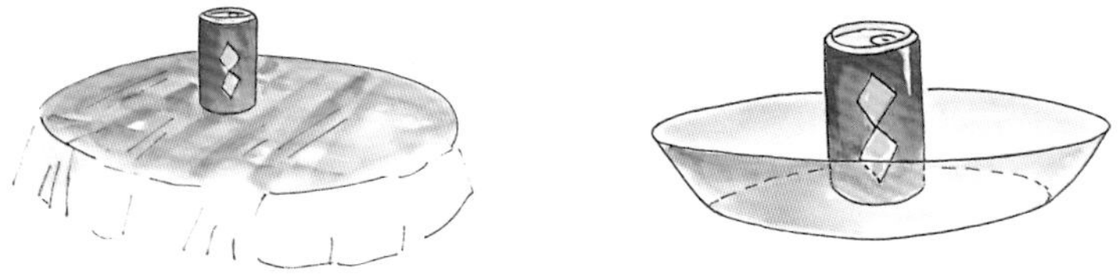

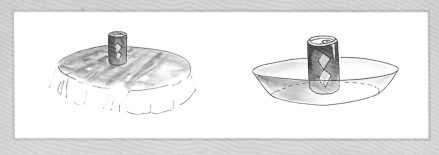

1. 将一罐常温的饮料放在桌上作为参照，将另一罐放在盛水盘里。

2. 用陶土花盆盖住盘中的那罐饮料。

3. 在花盆上不断地浇水，将它浇透，并使得盘中有足够的水。

4. 将盛水盘和花盆放在阳光下晒，大约1小时，等花盆开始变干时，可以拿开花盆，取出里面的饮料。

5. 一手握住一罐饮料，你会发现什么？

实验结论

经过实验，我们会发现，被花盆盖住的那罐饮料明显更凉爽。给花盆浇上的水以及盘中的水在阳光下会蒸发，从而会带走花盆内外的热量，这会使得花盆里的温度变低，那么，放在花盆里的饮料自然就变凉了。之所以用陶土花盆，是因为这种花盆的吸水性和透气性好。

犀牛知识大挑战

看一看，想一想，哪些对，哪些错？一起来打“√”和“×”吧。

1. 犀牛角和牛角一样，都是从头骨长出来的。（ ）
2. 犀牛身体庞大，十分笨重，所以跑起来一点儿都不快。（ ）
3. 犀牛喜欢洗泥水浴，是为了防晒和防虫咬。（ ）
4. 犀牛的视力非常好，能及时发现危险逃走。（ ）
5. 犀牛大多喜欢结群生活，这样会更安全。（ ）
6. 犀牛喜欢在白天行动，这样看得比较清楚。（ ）
7. 白犀牛和黑犀牛经常会因为食物而打架。（ ）
8. 犀牛妈妈和小犀牛熟悉彼此的气味和声音，这样就不会走散了。（ ）

犀牛知识大挑战答案

1 ×。犀牛角是从皮肤组织里长出来的。 2 ×。犀牛短距离内奔跑的速度不慢，有的几乎和马一样快。 3 √。 4 ×。犀牛的视力很差。 5 ×。大部分犀牛都是独来独往的。 6 ×。犀牛喜欢在清晨、傍晚或夜间行动。 7 ×。它们吃的食物不一样，所以能共存于非洲大草原上。 8 √。

词汇表

奇蹄动物（jītí dòngwù） 趾（指）末端的蹄呈现奇数的哺乳动物。如马蹄为单个，犀牛蹄分三瓣，马和犀牛都是奇蹄动物。

铠甲（kǎijiǎ） 古代战士保护身体的防护器具。古代多用犀皮、鲨鱼皮等制成，后来金属制的较多，样式多样。

偶蹄动物（ǒutí dòngwù） 趾（指）末端的蹄呈现双数的哺乳动物，种类较多，如牛、羊、猪、鹿、骆驼等都是偶蹄动物。

胎生（tāishēng） 指幼体在母体内发育成熟并生产出来的繁殖方式。

洞角（dòngjiǎo） 头骨向外突起形成的角，套着由表皮角质化形成的角质鞘，不会分叉，终生不会脱落更换，是牛科动物特有的角。

表皮角（biǎopījiǎo） 完全由表皮角质层的毛状角质纤维组成，里面无骨质成分，是犀科动物特有的角。

领地（lǐngdì） 指动物个体独自占有或和群体同伴一起生活的区域，常有固定的边界，不允许其他同类进入，会用气味或痕迹来做标记。它们会在这里进食、休息、睡觉和抚养后代成长。

驯化（xùnhuà） 在野外生活的生物被人类长期培养后，成为家养的动物或能人工种植的植物。

中暑（zhòngshǔ） 体温调节能力不能适应太高的气温环境而出现的症状，常表现为头痛、头晕、虚脱、抽搐等。

皮褶（pízhě） 皮肤因不平而形成重叠的部分。

汗腺（hànxiàn） 皮肤中具有分泌汗液功能的腺体。

繁殖期（fánzhíqī） 指一年之中动物发情、交配并生育后代的特定时间，一般都在较为固定的时节中进行。

灵丹妙药（língdān miàoyào） 指作用非常灵验的神奇丹药。常比喻能解决问题的好方法。

天敌（tiāndí） 在大自然中，一种动物被另一种动物捕杀，成为它的食物，那么后者就是前者的天敌。如小兔子被狐狸捕食，狐狸就是小兔子的天敌。

图书在版编目（CIP）数据

犀牛大将军 / 小学童探索百科编委会著；探索百科插画组绘. -- 北京：北京日报出版社，2023.8
（小学童. 探索百科博物馆系列）
ISBN 978-7-5477-4410-9

Ⅰ. ①犀… Ⅱ. ①小… ②探… Ⅲ. ①犀科—儿童读物 Ⅳ. ① Q959.843-49

中国版本图书馆 CIP 数据核字 (2022) 第 192921 号

犀牛大将军
小学童. 探索百科博物馆系列

出版发行：北京日报出版社
地　　址：北京市东城区东单三条 8-16 号 东方广场东配楼四层
邮　　编：100005
电　　话：发行部：（010）65255876
　　　　　总编室：（010）65252135
印　　刷：天津创先河普业印刷有限公司
经　　销：各地新华书店
版　　次：2023 年 8 月第 1 版
　　　　　2023 年 8 月第 1 次印刷
开　　本：889 毫米 ×1194 毫米　1/16
总 印 张：36
总 字 数：529 千字
定　　价：498.00 元（全 10 册）